ぺんたと小《こ》春《はる》のめんどいまちがいさがし

ちいサイズ
夢《ゆめ》の巻《まき》

小《こ》春《はる》の夢《ゆめ》と記憶《きおく》を救《すく》え！

行機製作所
lane factory

出版

テレビの中《なか》のまちがいさがし

ぺんたは
ワクワクしながら、
テレビを見《み》ています。

それもそのはず！
なつかしいふるさとの南極《なんきょく》が
うつっているのです。

「小春《こはる》も来《き》てぇ〜。
いっしょに見《み》よぉ♪」

小《こ》春《はる》も急《いそ》いでやってきましたが、
少《すこ》し様《よう》子《す》がおかしいみたい。
急《きゅう》に眠《ねむ》くなって、
目《め》の前《まえ》がフワフワして、
テレビにうつっているものが
変《か》わってしまったよ。
ぺんたの見《み》ている画面《がめん》と
どこがちがうかわかるかな？
まちがいは30個《こ》だよ。

こたえ
62ページ

Q1

明《あか》るいお花畑《はなばたけ》でステキなお花《はな》を見《み》つける

まちがい10個《こ》〈こたえ63ページ〉

おまけチャレンジ

小《ちい》さすぎるコレをさがして！

左右《さゆう》どちらのページもあるよぉ。

見《み》つけた数《かず》

月《がつ》　日《にち》

個《こ》

あこがれの空《そら》を自由《じゆう》に飛《と》べるなんて♪

Q 2

まちがい20個《こ》〈こたえ63ページ〉

おまけ
チャレンジ

小《ちい》さすぎるコレをさがして!

左右《さゆう》どちらのページもあるよぉ。

見《み》つけた数《かず》

月《がつ》　日《にち》

個《こ》

生《う》まれる前《まえ》の卵《たまご》の中《なか》はぽかぽか快適《かいてき》

Q 3

まちがい30個《こ》〈こたえ64ページ〉

おまけチャレンジ

小《ちい》さすぎるコレをさがして!

左右《さゆう》どちらのページもあるよぉ。

見《み》つけた数《かず》

月《がつ》　日《にち》

個《こ》

Q 4

やさしいパパとママがいる小《こ》春《はる》のおうち

まちがい30個《こ》〈こたえ64ページ〉

おまけチャレンジ

小《ちい》さすぎるコレをさがして!

左右《さゆう》どちらのページもあるよぉ。

見《み》つけた数《かず》

月《がつ》　日《にち》

個《こ》

Q 5

ぺんたといっしょに空《そら》を飛《と》ぶ練習《れんしゅう》♪

まちがい30個《こ》〈こたえ65ページ〉

おまけチャレンジ

小《ちい》さすぎるコレをさがして!

左右《さゆう》どちらのページもあるよぉ。

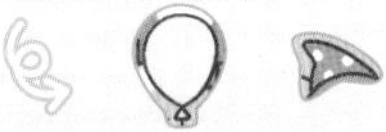

見《み》つけた数《かず》

月《がつ》　日《にち》

個《こ》

博士《はかせ》のいる南極《なんきょく》の研究所《けんきゅうじょ》でワクワク！

Q 6

まちがい30個《こ》〈こたえ65ページ〉

おまけ
チャレンジ

小《ちい》さすぎるコレをさがして！

左右《さゆう》どちらのページもあるよぉ。

見《み》つけた数《かず》

月《がつ》　日《にち》

個《こ》

Q 7

みんなで泳《およ》ぐ練習《れんしゅう》をした南極《なんきょく》の海《うみ》

まちがい30個《こ》〈こたえ66ページ〉

おまけチャレンジ

小《ちい》さすぎるコレをさがして！

左右《さゆう》どちらのページもあるよぉ。

見《み》つけた数《かず》

月《がつ》　日《にち》

個《こ》

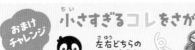

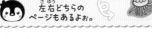

Q8

はじめての飛行機《ひこうき》で日本《にほん》へGO《ゴー》!

まちがい30個《こ》〈こたえ66ページ〉

おまけ
チャレンジ

小《ちい》さすぎるコレをさがして!

左右《さゆう》どちらの
ページもあるよぉ。

見《み》つけた数《かず》

月《がつ》　日《にち》

個《こ》

日本《にほん》をぐるりと観光《かんこう》した楽《たの》しい旅《たび》♪

Q 9

まちがい30個《こ》〈こたえ67ページ〉

おまけチャレンジ

小《ちい》さすぎるコレをさがして!

左右《さゆう》どちらのページもあるよぉ。

見《み》つけた数《かず》

月《がつ》　日《にち》

個《こ》

晴《は》れた日《ひ》は森《もり》のみんなでピクニック

Q 10

まちがい40個《こ》〈こたえ67ページ〉

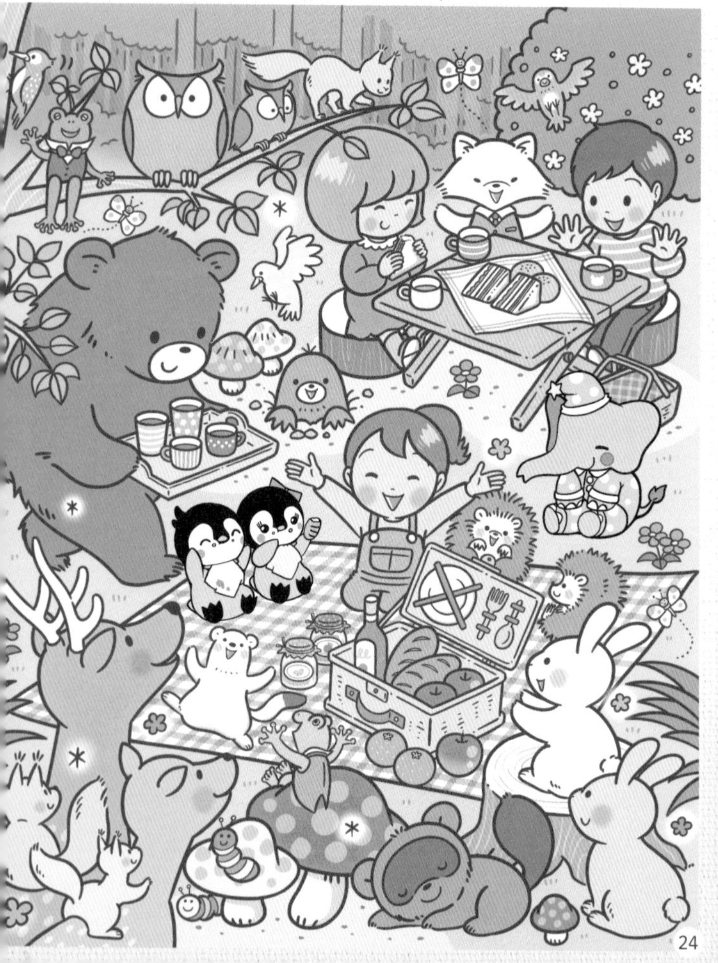

おまけチャレンジ

小《ちい》さすぎるコレをさがして!

左右《さゆう》どちらのページもあるよぉ。

見《み》つけた数《かず》

月《がつ》　日《にち》

個《こ》

Q 11

ペンギン飛行機《ひこうき》製作所《せいさくじょ》でお菓子《かし》作《づく》り♪

まちがい40個《こ》〈こたえ68ページ〉

おまけチャレンジ

小《ちい》さすぎるコレをさがして!

左右《さゆう》どちらのページもあるよぉ。

見《み》つけた数《かず》

月《がつ》　日

個《こ》

遠《とお》い鏡《かがみ》の王国《おうこく》で大冒険《だいぼうけん》したときのこと

Q 12

まちがい40個《こ》〈こたえ68ページ〉

おまけチャレンジ

小《ちい》さすぎるコレをさがして!

左右《さゆう》どちらのページもあるよぉ。

見《み》つけた数《かず》

月《がつ》　日《に》

個《こ》

怪盗《かいとう》を追《お》いかけた不思議《ふしぎ》な世界旅行《せかいりょこう》

13

まちがい40個《こ》〈こたえ69ページ〉

おまけチャレンジ

小《ちい》さすぎるコレをさがして!

左右《さゆう》どちらのページもあるよぉ。

見《み》つけた数《かず》

月《がつ》　日

個

タイムトラベルで時《じ》空《くう》をビューン！

Q 14

まちがい40個《こ》〈こたえ69ページ〉

おまけチャレンジ

小《ちい》さすぎるコレをさがして!

左右《さゆう》どちらのページもあるよぉ。

見《み》つけた数《かず》

月《がつ》　日

個《こ》

大《だい》好《す》きな絵本《えほん》がいっぱい読《よ》める図書館《としょかん》

Q 15

まちがい50個《こ》〈こたえ70ページ〉

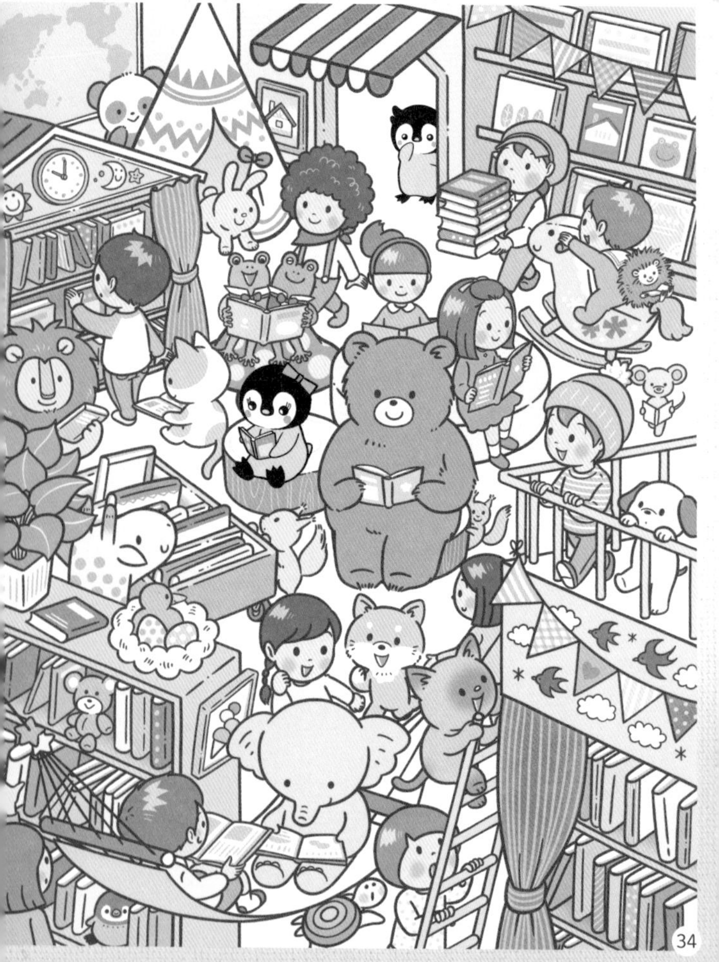

おまけチャレンジ

小《ちい》さすぎるコレをさがして！

左右《さゆう》どちらのページもあるよぉ。

見《み》つけた数《かず》

月《がつ》　日《にち》

個《こ》

チアリーディングに元《げん》気《き》にチャレンジ！

Q 16

まちがい50個《こ》〈こたえ70ページ〉

おまけチャレンジ

小《ちい》さすぎるコレをさがして！

左右《さゆう》どちらのページもあるよぉ。

見《み》つけた数《かず》

月《がつ》　日《にち》

個《こ》

大好《だいす》きな運動会《うんどうかい》は大玉転《おおだまころ》がしで大活躍《だいかつやく》

Q 17

まちがい50個《こ》〈こたえ71ページ〉

おまけチャレンジ

小《ちい》さすぎるコレをさがして！

左右《さゆう》どちらのページもあるよぉ。

見《み》つけた数《かず》

月《がつ》　日《にち》

個《こ》

Q 18

全部《ぜんぶ》おいしいスイーツブッフェ♪

まちがい50個《こ》〈こたえ71ページ〉

おまけチャレンジ

小《ちい》さすぎるコレをさがして!

左右《さゆう》どちらのページもあるよぉ。

見《み》つけた数《かず》

月《がつ》　日《にち》

個《こ》

映《えい》画《が》館《かん》で涙《なみだ》した感《かん》動《どう》のストーリー！

Q 19

まちがい50個《こ》〈こたえ72ページ〉

おまけチャレンジ

小《ちい》さすぎるコレをさがして!

左右《さゆう》どちらのページもあるよぉ。

見《み》つけた数《かず》

月《がつ》　日《にち》

個《こ》

あこがれのプリンセスのキュートなお城《しろ》

Q 20

まちがい50個《こ》〈こたえ72ページ〉

おまけチャレンジ

小《ちい》さすぎるコレをさがして!

左右《さゆう》どちらのページもあるよぉ。

見《み》つけた数《かず》

月《がつ》　日《にち》

個《こ》

ぬいぐるみいっぱいの楽《たの》しいお部《へ》屋《や》

Q 21

まちがい60個《こ》〈こたえ73ページ〉

おまけチャレンジ

小《ちい》さすぎるコレをさがして!

左右《さゆう》どちらのページもあるよぉ。

見《み》つけた数《かず》

月《がつ》 日

個《こ》

ふか～い海《うみ》を潜水艦《せんすいかん》で大冒険《だいぼうけん》！

Q 22

まちがい70個《こ》〈こたえ73ページ〉

おまけチャレンジ

小《ちい》さすぎるコレをさがして！

左右《さゆう》どちらのページもあるよぉ。

見《み》つけた数《かず》

月《がつ》　日《にち》

個《こ》

Q 23

みんなで力《ちから》を合《あ》わせた大《おお》なわとび

まちがい70個《こ》〈こたえ74ページ〉

おまけチャレンジ

小《ちい》さすぎるコレをさがして！

左右《さゆう》どちらのページもあるよぉ。

見《み》つけた数《かず》

月《がつ》　日《にち》

個《こ》

話題《わだい》のミュージカルに出演《しゅつえん》しよう！

Q 24

まちがい80個《こ》〈こたえ74ページ〉

おまけチャレンジ

小《ちい》さすぎるコレをさがして！

左右《さゆう》どちらのページもあるよぉ。

見《み》つけた数《かず》

月《がつ》　日《にち》

個《こ》

大人気《だいにんき》の遊園地《ゆうえんち》を思《おも》いっきり満喫《まんきつ》♪

Q 25

まちがい90個《こ》〈こたえ75ページ〉

おまけチャレンジ

小《ちい》さすぎるコレをさがして！

左右《さゆう》どちらのページもあるよぉ。

見《み》つけた数《かず》

月《がつ》　日《にち》

個《こ》

大《おお》きなショッピングモールでお買《か》い物《もの》

Q 26

まちがい100個《こ》〈こたえ75ページ〉

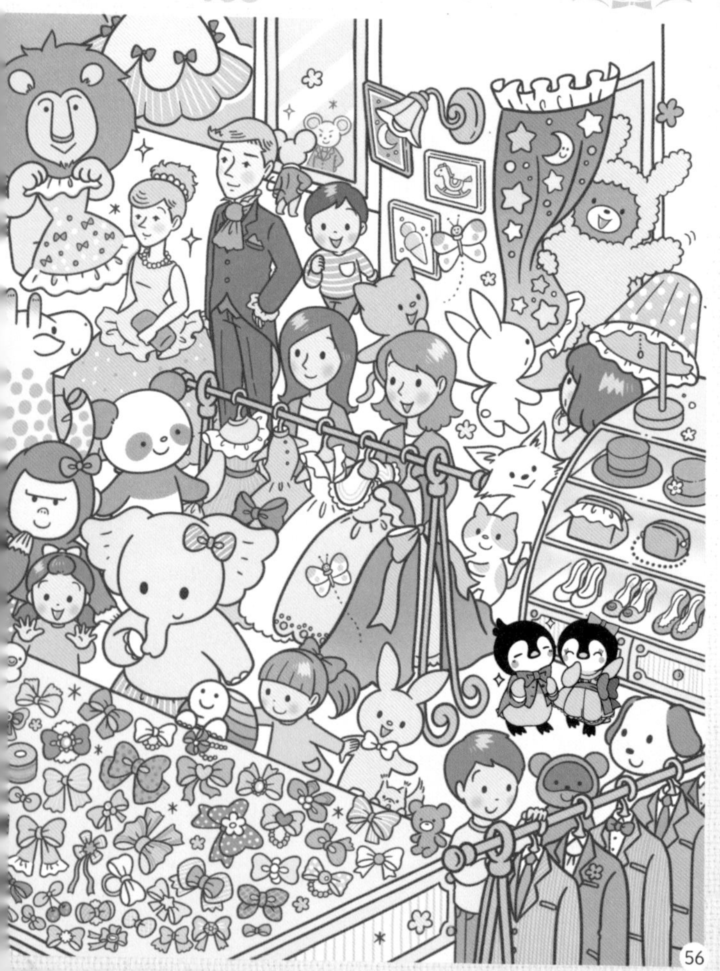

おまけチャレンジ

小《ちい》さすぎるコレをさがして！

左右《さゆう》どちらのページもあるよぉ。

見《み》つけた数《かず》

月《がつ》　日《にち》

個《こ》

あこがれの宇《う》宙《ちゅう》旅《りょ》行《こう》は月《つき》へGO《ゴー》!

Q 27

まちがい110個《こ》〈こたえ76ページ〉

おまけチャレンジ

小《ちい》さすぎるコレをさがして!

左右《さゆう》どちらのページもあるよぉ。

見《み》つけた数《かず》

月《がつ》　日《にち》

個《こ》

不思議《ふしぎ》で楽《たの》しい夢《ゆめ》の街《まち》を散策《さんさく》しよう♪

Q 28

まちがい120個《こ》〈こたえ76ページ〉

おまけチャレンジ

小《ち》さ《い》すぎるコレをさがして！

左右《さゆう》どちらのページもあるよぉ。

見《み》つけた数《かず》
月《がつ》　日《にち》
個《こ》

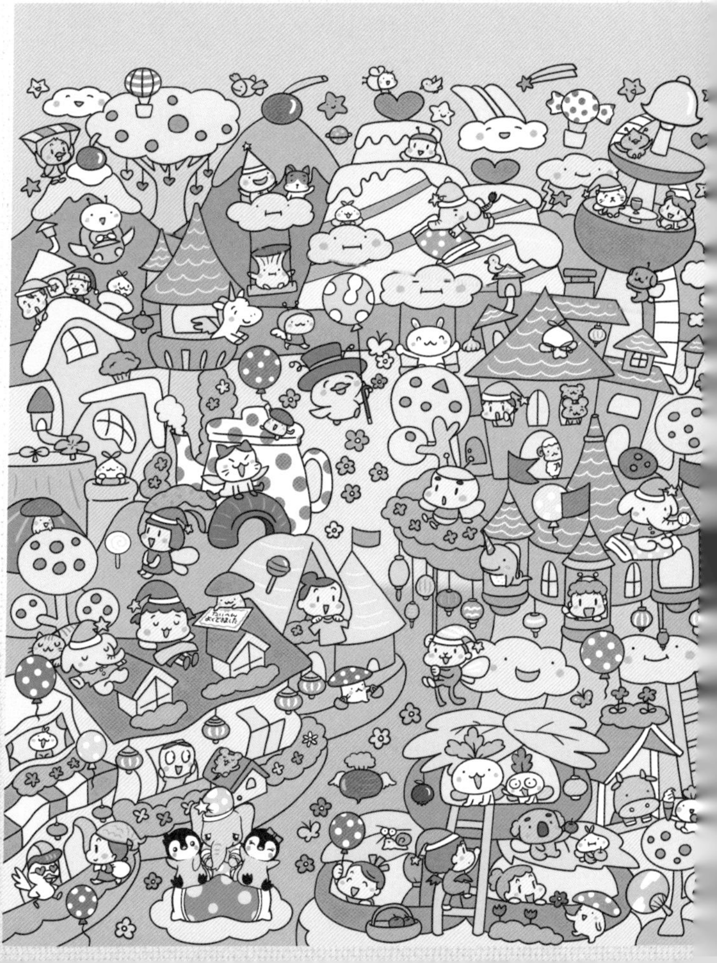

こたえのページ

4~5ページ

テレビの中《なか》のまちがいさがし
まちがい30個《こ》

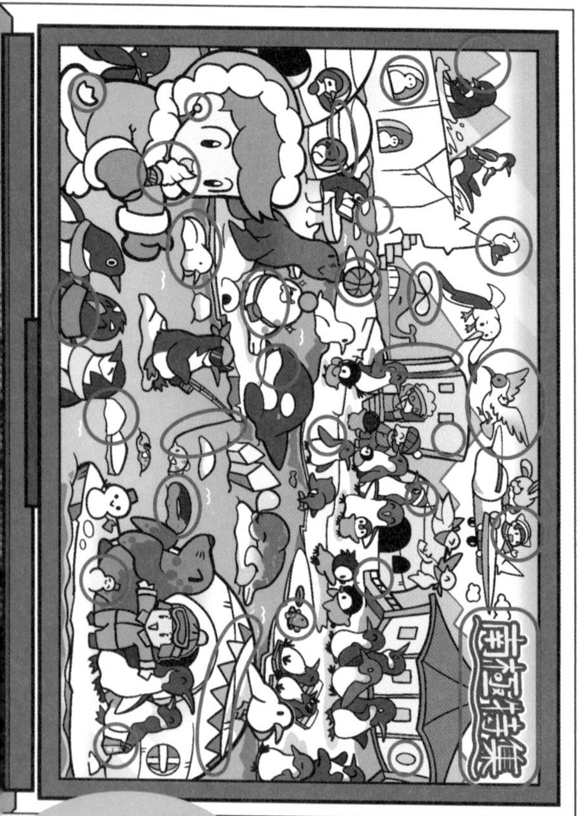

本《ほん》のページを表《あらわ》す数字《すうじ》は右《みぎ》のページだけに入《はい》っているんだってぇ。

でも、それはまちがいのカウントには入《はい》らないルールだよぉ。

まちがいのマル ○

おまけチャレンジのマル(Q1から) ○

こたえのページ

Q1　まちがい10個《こ》

Q2　まちがい20個《こ》

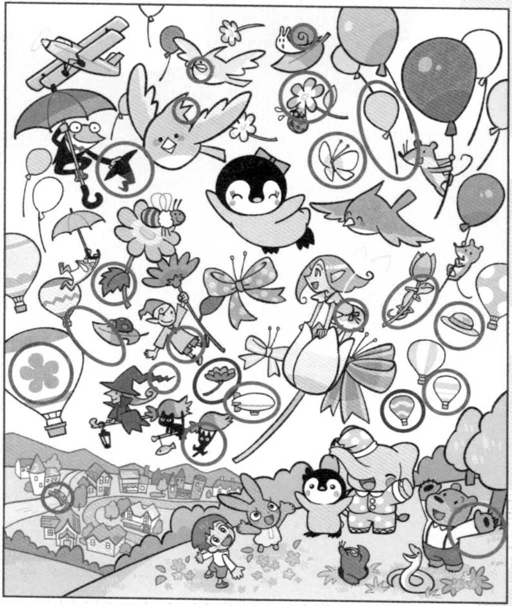

Q3 まちがい30個《こ》

Q4 まちがい30個《こ》

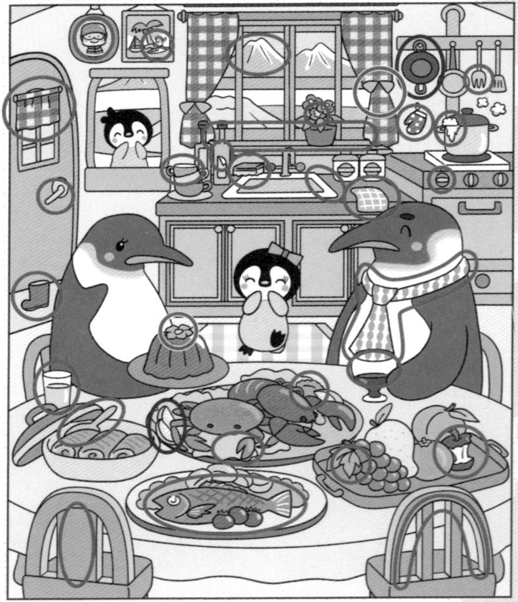

Q5 まちがい30個《こ》

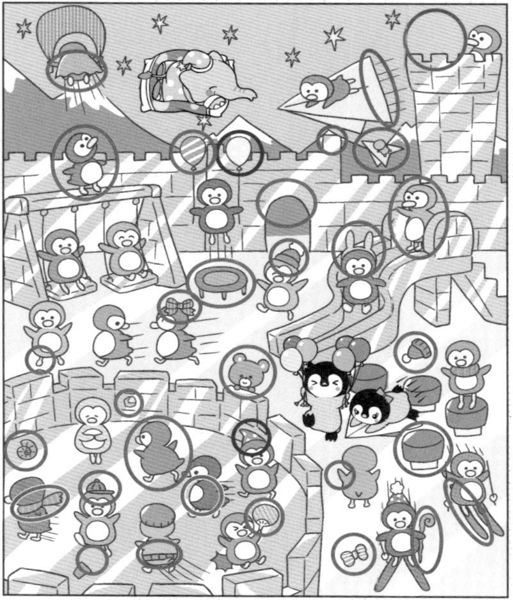

Q6 まちがい30個《こ》

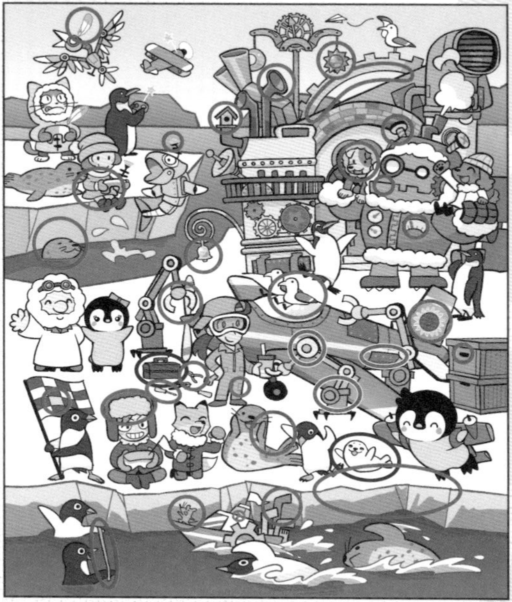

こたえのページ

Q7 まちがい30個《こ》

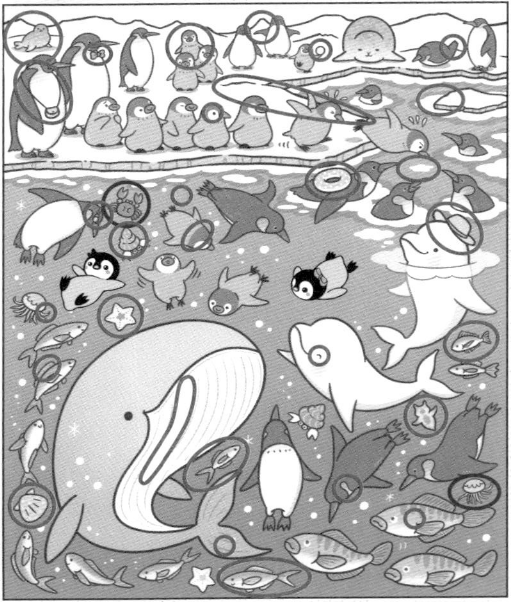

Q8 まちがい30個《こ》

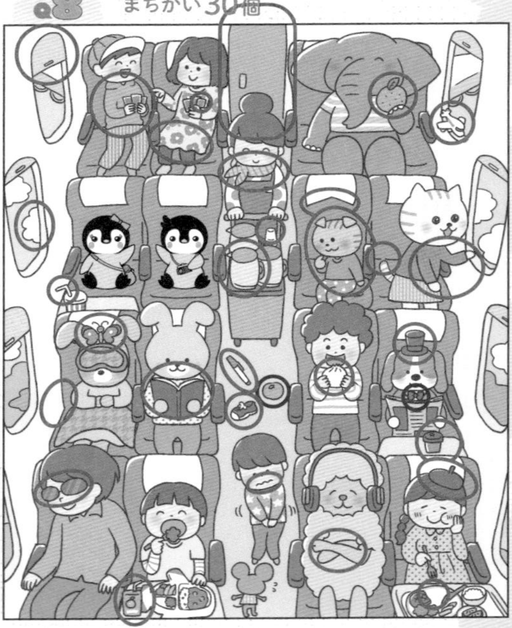

Q9 まちがい30個《こ》

Q10 まちがい40個《こ》

こたえのページ

Q11 まちがい40個《こ》

Q12 まちがい40個《こ》

Q13 まちがい40個《こ》

Q14 まちがい40個《こ》

Q15 まちがい50個《こ》

Q16 まちがい50個《こ》

Q17 まちがい50個《こ》

Q18 まちがい50個《こ》

こたえのページ

Q19　まちがい50個《こ》

Q20　まちがい50個《こ》

Q21 まちがい60個《こ》

Q22 まちがい70個《こ》

こたえのページ

Q23 まちがい70個《こ》

Q24 まちがい80個《こ》

こたえのページ

Q25 まちがい90個《こ》

Q26 まちがい100個《こ》

Q27 まちがい110個《こ》

Q28 まちがい120個《こ》

まちがいさがし

どれだけできたかな？

全部終《ぜんぶお》わったら、ここに見《み》つけた数《かず》を
まとめてみよう。いくつ見《み》つけられたかな？
あなたは、もしかしたらまほう使《つか》い!?

Q1	Q2	Q3	Q4	Q5	Q6	Q7
/10	/20	/30	/30	/30	/30	/30
Q8	**Q9**	**Q10**	**Q11**	**Q12**	**Q13**	**Q14**
/30	/30	/40	/40	/40	/40	/40
Q15	**Q16**	**Q17**	**Q18**	**Q19**	**Q20**	**Q21**
/50	/50	/50	/50	/50	/50	/60
Q22	**Q23**	**Q24**	**Q25**	**Q26**	**Q27**	**Q28**
/70	/70	/80	/90	/100	/110	/120

4~5ページ テレビの中《なか》のまちがいさがし /30

全部《ぜんぶ》で /1470

結果《けっか》

0～200個《こ》	まだまだ見《み》つけられるはず
201～500個《こ》	じっくり確認《かくにん》してみよう！
501～800個《こ》	とてもがんばったね
801～1000個《こ》	す、すばらしい！！
1001～1200個《こ》	すてきな才能《さいのう》の持《も》ち主《ぬし》★
1201～1469個《こ》	グランプリとれるかも♪
1470個《こ》	まほう使《つか》いみたい!!!

夢《ゆめ》と記《き》憶《おく》のまちがいさがしてくれて、ありがとう♪

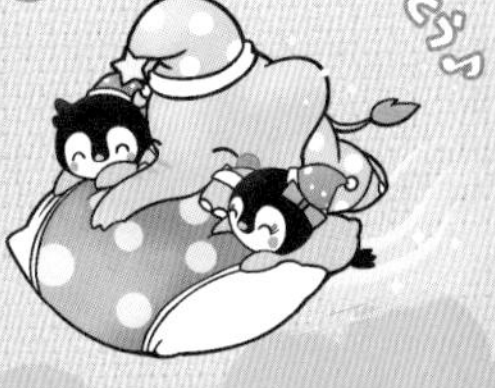

ちいサイズ ぺんたと小春《こはる》のめんどいまちがいさがし 夢《ゆめ》の巻《まき》

2024年3月20日　初版印刷
2024年3月30日　初版発行

発行人　黒川精一
発行所　株式会社サンマーク出版
〒169-0074
東京都新宿区北新宿2-21-1
電話　03-5348-7800
印刷　共同印刷株式会社
製本　株式会社若林製本工場

ISBN 978-4-7631-4134-7 C8045
ホームページ　https://www.sunmark.co.jp

本書は『ぺんたと小春のめんどいまちがいさがし4』に『ぺんたと小春のめんどいまちがいさがしBIG 2』のQを加えて再編集したものです。

製作「ペンギン飛行機製作所」の所員たち

●所長：黒川精一
●所員：新井俊晴、池田るり子、岸田健児、酒見亜光、浅川紗也加、荒井 聡、荒木 宰、吉田 翼、戸田江美、はっとりみどり、鈴木江実子、山守麻衣

カバー・本文デザイン・DTP
佐々木恵実(株式会社ダグハウス)
カバーイラスト
あずのみなつ
本文イラスト<五十音順>
あずのみなつ
(テレビの中のまちがいさがし・ぺんたと小春)
つるおかめぐみ
(Q4,9,11,14,16,20,23,24,28)
成瀬瞳 (Q1,5,8,12,17,21,25)
ひらいうたの (Q3,7,10,15,19,26)
森永ピザ (Q2,6,13,18,22,27)
校正
根本 薫
編集協力
株式会社スリーシーズン(吉原朋江)